MÉMOIRE

PRÉSENTÉ

A L'ACADÉMIE ROYALE DES SCIENCES

DE PARIS.

MEMOIRE

CONTENANT

Des réflexions sur les propriétés du Remontoir, son exécution pour les Pendules à reſſort, & le Développement des effets avantageux ſur ſon application aux Pendules à poids, & particulièrement celles qui vont un an ſans être remontées;

Un Echappement naturel dans tous ſes points, les Cauſes phyſiques qui le rendoient variable, détruites; Manière de le tracer & de le conſtruire;

Un Quantième perpétuel avec beaucoup de ſûreté dans les effets, & d'une facile exécution, marquant les dates du mois par une diviſion annuelle, ou par une de 31.

AVEC

Une courte Deſcription d'une Pendule dans laquelle ces effets ſont exécutés.

Par M. ROBIN, horloger de S. A. Mgr le Duc
DE CHARTRES.

M. DCC. LXXVIII.

A MESSIEURS

DE

L'ACADÉMIE ROYALE

DES SCIENCES.

MESSIEURS,

C'est dans votre sein que chaque artiste puise ses lumières, il est juste qu'il vous rende compte de ses progrès.

Le zèle & le goût qui m'ont toujours conduit, s'accroissent chaque jour par l'étude de vos savans Mémoires.

Arbitres de tous les arts, c'est à ce titre que je réclame votre appui pour l'horlogerie. Cet assemblage des métaux, animé par l'art

& conduit par la mécanique, mérite plus que
jamais votre attention, par les utiles & in-
génieuses découvertes qu'elles a produites.
Persuadé que vous préférez les plus beaux
effets à la forme & au goût de ses ornemens,
je me renfermerai dans vos principes. Si mon
travail peut mériter quelques succès, j'ose es-
pérer que vous voudrez bien vous-même relever mes erreurs ; vous fortifierez par-là un
courage, sur lequel votre suffrage a plus d'em-
pire que la fortune.

C'est avec ces sentimens que j'ai l'honneur
d'être,

MESSIEURS,

Votre très-humble & très-obéissant
serviteur, ROBIN.

MÉMOIRE

PRÉSENTÉ

A L'ACADÉMIE ROYALE DES SCIENCES

DE PARIS.

Pour réndre les objets plus fenfibles, je les préfenterai formant une machine pour divifer le temps, la bafe de l'horlogerie, & dont toutes les autres parties feront les acceffoires.

Afin que cette machine foit fimple, durable, & fufceptible de cette conftance qui étonne les plus grands artiftes, elle eft compofée feulement de deux mobiles & d'un régulateur formés par la plus fcrupuleufe exécution, fans laquelle les plus beaux effets ne peuvent être réalifés avec fuccès, que le mouvement anime, & que le mécanifme conduit. Pour y parvenir, il s'agit de calculer les forces, d'exécuter les mobiles très-légèrement, de dif-

poser leurs maffes en raifon de leurs réfif-
tances, de démontrer les effets, d'obferver & furprendre le mécanifme dans fes
erreurs, en divifer les caufes & leur nature.

Voilà la manière dont doit opérer un
horloger.

J'élève une cage, *pl. 1, fig. 1;* j'attache à
cette cage un pendule ou régulateur pour
divifer le temps.

Je pofe au centre de cette cage une
roue d'échappement A, un échappement
ou levier d'impulfion B, dont la fourchette
communique au pendule; au deffus de la
roue d'échappement une roue G, montée
fur un axe dont un bout paffe à travers la
platine des piliers, fur laquelle doit être
ajufté le cadran, lequel axe porte un pignon déftiné à mener la minuterie par une
roue de renvoi montée à frottement fur
une roue de minutes, ajuftée fur un pont
à travers duquel paffe la tige de la roue
d'échappement, deftinée à porter une aiguille pour marquer les fecondes. Cette
roue de minutes engrène dans une autre
qui lui eft femblable, fur laquelle eft monté
un pignon d'acier qui engrène dans une
roue de cadran, deftinée à porter une aiguille pour marquer les heures.

Fig. 2. La tige de la roue C paffe à travers de la platine de l'échappement, & porte

une poulie dans laquelle paſſe un cordon dont un bout porte le contre-poids, & l'autre le poids moteur de toute la machine.

Cette machine n'eſt donc compoſée que d'un moteur, d'une roue d'échappement, d'un régulateur & de quatre roues de quadrature. Les effets réſultans font de marquer les heures, les minutes & les ſecondes.

Il eſt prouvé qu'il n'exiſte pas de machine aſſez juſte pour former les dentures & les pignons des rouages, de manière à en eſpérer une parfaite préciſion.

Le jeu ordinaire des engrénages met le rouage hors d'arrêt; mais la conduite des pignons commençant plutôt ou plus tard, change les forces, & produit des erreurs conſéquentes par la quantité des mobiles qui les multiplient.

Or, dans cette machine où la puiſſance n'eſt tranſmiſe que par un engrénage depuis le moteur juſqu'à l'échappement, & dont le poids eſt de trois gros, les frottemens font conſidérablement réduits, ſurtout par la délicateſſe qu'il permet que l'on donne à ces mobiles. La corde continuellement de même peſanteur, point d'inégalités du tirage d'un reſſort & du pelotement de ſes lames; il eſt évident que l'action ſera portée à l'échappement toujours dans le même état, & lui donnera des mouvemens qui tendront à l'ifochro-nifme parfait (a).

IMPOSSIBILITÉ de conferver la conftance & la folidité dans un rouage mis en ac-tion par un grand reffort.

L'horlogerie a eu jufqu'à ce jour dans la conftruction des pendules, deux prin-cipes contradictoires. Ce qui donne la conftance ôte la folidité ; ce qui donne la folidité ôte la conftance.

L'action du grand reffort, fujet à don-ner des fecouffes par fes pelotemens, ou quand il vient à caffer, oblige de donner des forces au mobile pour foutenir fes efforts.

L'horloge exige un poids qui la met hors d'équilibre : la quantité des mobiles qu'on eft obligé d'employer pour gagner la durée du temps, exige un fecond poids ; ces deux forces demandent des épaiffeurs aux roues, & des pivots proportionnels pour foutenir l'action de ces deux forces réunies ; leur pefanteur exige une troifième force, laquelle, ajoutée aux deux autres, eft fi confidérable, qu'il eft impoffible

______

(a) Suivant plufieurs auteurs, le rouage qui tendra à communiquer une force égale au régulateur, fera préfé-rable.

que les frottemens foient long-temps les mêmes.

Il réfulte de-là, que les horloges les plus artiftement faites, font plus fujettes au raccommodage que celles qui font groffièrement traitées ; mais on ne peut pas plus compter fur l'exactitude de ces dernières, que fur la ftabilité d'un thermomètre.

Dans les pendules à reffort ordinaire, il réfulte une quatrième force, tendante à l'inconftance & à la deftruction totale de toute la machine.

EXPÉRIENCE fur l'inégalité d'un reffort & du pelotement de fes lames.

Un reffort bien fait doit fe développer très-également en fpirale ; il eft impoffible qu'un pareil reffort tire également en haut comme en bas : quand on parvient à en égalifer le tirage, ce n'eft qu'en rendant les premiers tours plus minces ; les lames deviennent d'une foible action, quand les dernières quittent le diamètre du barillet ; ce reffort eft plus fujet que d'autres à fe peloter par les frottemens des lames, & ne peut être que de très-peu de durée.

Si au contraire il agit en fpirale, comme j'ai dit ci-deffus, on doit remarquer que

(12)

les lames ne fe touchent jamais que lorf-
qu'elles font prefque hors d'action.

C'eſt la plus grande qualité d'un reſſort.
Nous regarderons le premier & dernier
demi-tour comme fans action.

Un reſſort de cette nature d'une pen-
dule ordinaire, & d'environ 2 pouces $\frac{1}{2}$ de
diamètre, faifant 8 tours $\frac{1}{2}$; le premier
tour tiroit quatre livres, le feptième dix-
huit livres.

Or, fi quatre livres font en état de faire
mouvoir une horloge, & qu'elle foit conftruite en raifon de ce tirage, il eſt évident qu'elle ne pourra réfifter aux dix-huit
livres, quand ce reſſort fera monté au feptième tour ; que fi elle eſt conftruite en
raifon de dix-huit, combien de maſſe inu-
tile qui augmente les frottemens, dont le
produit eſt l'inconftance & la deſtruc-
tion !

Il fera donc déformais avantageux de
fe fervir du remontoir ; & l'horlogerie mé-
ritera plus que jamais cette perfection fi
négligée dans le général, par la difficulté
de l'exécution (a).

(a) J'entends par cette difficulté, que la conftance
d'une pièce d'horlogerie dépend en partie des foins que
l'artifte eſt obligé d'apporter depuis le moteur jufqu'au
régulateur. La quantité des pièces qui féparent ces deux
mobiles, produifent fouvent des effets inattendus, par

(13)

Séparant les forces mouvantes en deux parties, celles qui donnent le mouvement au régulateur, & celles qui multiplient la durée du remontoir, on pourra conserver l'un sans détruire l'autre.

La simplicité d'une horloge, telle que celle dont nous venons de parler, peut avoir des mobiles & des pivots si délicats, que les frottemens, quoique fort diminués, seront toujours les mêmes ; & par la même raison, elle sera plus d'un siècle à éprouver la plus petite destruction.

Pour conserver les avantages de cette simplicité, dont l'effet ne dure qu'un instant, par le peu de temps que le poids est à descendre, il faut donc y ajouter un rouage pour renouveler l'action du moteur pendant un temps donné.

CONSIDÉRATION générale sur la composition du remontoir.

1° Il s'agit d'une force non comparée à celle qui doit faire marcher l'horloge (a), mais supérieure de la quantité nécessaire

---

les causes naturelles ou physiques. Rien ne peut mieux anéantir ces imperfections, que la suppression totale de toutes ces parties, par la désunion du moteur & du régulateur.

(a) Horloge, mouvement réglant, ou diviseur du temps, exprimeront la même chose, suivant leurs différentes positions.

pour faire mouvoir le remontoir. (Ce point de vue négligé a certainement fait échouer la plus grande partie de ceux qui ont travaillé à ce projet.)

2° De rendre l'exécution facile & affez fimple, pour ne pas augmenter le prix d'un ouvrage qu'on défire rendre général.

3° La plus effentielle eft d'établir un produit proportionnel dans la courfe des deux rouages; la dureté de la corde, fon affaiffement dans les différentes températures, l'inégalité des engrénages, changent & donnent tous les jours un nouveau produit : non-feulement je l'ai obfervé, mais j'y ai établi une compenfation exacte, fans laquelle on verra qu'il en réfulte les plus grands inconvéniens.

ETABLISSEMENT d'un remontoir à reffort qui fait marcher une pendule à demi-feconde, à équation, pendant un mois fans remonter.

La force eft fi bien difpofée, & devient fi avantageufe par la conftruction, que l'on obfervera que c'eft par les nombres ordinaires de quinze jours qu'il opère un mois.

Un rouage compofé de quatre mobiles & un volant, dont les nombres font :

84 pignons de 12

80   8

70   8

60 pignons de volant de 8.

La troisième roue qui porte 70 , fait 70 révolutions pour une du barillet ; elle mène un pignon de dix qui porte la poulie du remontoir : dans cette roue de 70, le pignon est contenu 7 fois.

Multipliant   70
par   7

on a   490

On n'emploie que six tours du barillet, quoiqu'il doive en faire au moins huit.

Multipliant   490
par   6

on a   2940

La poulie du remontoir sera du double de celle du mouvement, ce qui doublera le produit des   2

Révolutions   5880

La poulie du moteur ajustée sur la tige de la roue C, *pl. 1*, *fig. 2*, est en rapport avec la poulie du remontoir comme 1 est à 2 ; cette roue est montée sur un pignon de 10, qui engrène dans la roue des minutes qui eſt de 80. Ce pignon fait 8 tours par heure, en 24 heures 192 tours, pour 30 jours, ... 5760

$$\begin{array}{r} 24 \\ 8 \\ \hline 192 \\ 30 \\ \hline 5760 \end{array}$$

Le remontoir, au bout de 30 jours, aura donc encore 120 révolutions à faire avant que la pendule arrête, ſans compter ce que donnera le ſurplus des reſſorts.

Pl. 2, *fig.* 1. Le volant porte une ai-guille F, dont un bout eſt plus court que l'autre, mais bien de peſanteur ; le plus long bout de cette aiguille arrête ſur la dé-tente : on voit que ſon point d'appui eſt ſur la broche, & que le choc ne fait au-cune ſenſation ſur le poids; à cette détente eſt ajuſtée à charnière, (au moyen d'une goupille & d'une entaille) une fourchette ployée d'équerre, qui va ſe repoſer ſur le poids.

Ce poids eſt ſuſpendu par une poulie, dans laquelle paſſe une corde ſans fin, qui va traverſer la poulie du mouvement en deſcendant, ſuſpend le contre-poids, re-monte dans la poulie du remontoir, & en

deſcen-

descendant repasse dans la poulie du poids.
A mesure que ce poids descend, la fourchette descend & entraîne la détente. L'aiguille, parvenue à l'extrémité de la détente, échappe & fait une révolution; le
poids remonte, & se trouve en état d'arrêter l'aiguille, & de la fixer pour attendre
une autre révolution. Quand, par un vice
d'exécution, il arriveroit que l'aiguille feroit un demi-tour de plus ou de moins,
l'échappement de la détente se feroit en
plus ou moins de temps proportionnel à ce
que la corde auroit remonté, par conséquent ne produiroit aucune erreur.

Il est impossible que l'accord qui règne
entre ces deux rouages, ne soit point
exact.

Si cette construction devient si avanta-
geuse pour les pendules à ressort, com-
parons les propriétés pour les pendules à
secondes ordinaires, quoique ces pendules d'observation aient l'avantage d'être
à poids. Si nous examinons leurs inconvéniens, nous trouverons que le remontoir leur donnera un grand degré de perfection.

Il paroît étonnant que les pendules qui
vont un an sans être remontées, ne soient
pas plus en usage; ces pièces précieuses,
connues & désirées par tous les amateurs,

n'ont d'autres obstacles apparens que l'augmentation d'un mobile.

Si nous en cherchons les causes, nous trouverons que ces pendules demandent une exécution précise, afin d'être bien disposées dans toutes leurs parties, par les jours, les épaisseurs des mobiles, leur assemblage, la forme des dentures, des pignons, des engrénages; la fidélité, tant du cuivre que de l'acier; toutes ces opérations demandent un temps, même des dépenses par les accessoires d'une pareille pièce, qui la rendent à-la-fois très-coûteuse, & d'un travail trop ingrat pour l'artiste, qui ne peut même se flatter du succès qu'il se promet.

Les forces se trouvent si divisées, qu'en éprouvant de très-durs frottemens, par la masse qui affaisse toute cette machine, elle parvient à peine au régulateur; la plus légère commotion l'arrête, les trous se rendent ovales; les dentures des premiers mobiles se dégradent, non pas au point de ne pouvoir rouler, mais plus que suffisamment pour produire de mauvais effets. Le remontoir est donc le seul moyen de construire de bonnes pendules, marchant un an sans être remontées.

ACTION suspendue dans un temps contraire.

Plus que jamais nous allons sentir le mauvais usage des rouages multipliés dans un mouvement réglant.

Autant de fois que le plan d'impulsion quitte la roue, autant de fois l'action est suspendue. Pour le prouver, déterminons la force du moteur sur la roue d'échappement ; posons ensuite un repos quelconque ; éloignons ce repos avec vivacité d'une distance suffisante pour rendre l'observation sensible : nous verrons le temps que le rochet sera à rejoindre le repos de cette machine ; supprimons quatre mobiles, & le poids qu'ils doivent absorber, la même quantité restera sur l'échappement : recommençons l'observation, & nous trouverons que le rochet rejoindra le repos beaucoup plus vîte ; donc l'action est suspendue par la quantité des mobiles.

COMMENT l'action est suspendue, & dans quel temps.

Dans le moment où le plan d'impulsion laisse à la roue la liberté d'avancer, l'attouchement de chaque mobile sur celui qui lui succède, produit un choc pour sortir de l'état du repos où il est.

Or, suivant la loi du choc, entre le moment où une masse en frappe une autre, & celui où la force se communique, il est un temps marqué (*a*).

Concluons donc, que plus il y a de mobiles dans un mouvement, plus ces temps sont multipliés; la force est donc communiquée au régulateur plus ou moins vîte, en proportion de ce que les inégalités sont plus grandes ou répétées, & par conséquent l'isochronisme est interrompu ; la force est parvenue dans cet état au moment où la dent ou la cheville tombe sur le repos : c'est donc sur le repos où la force est grande, & sur l'impulsion où elle est suspendue.

Suivant les principes d'un bon échappement quelconque sur l'arc du repos, la force devroit être anéantie; & à mesure que le régulateur s'élève, la force devroit s'augmenter. Ce que nous venons d'observer produit un effet contraire.

Le remontoir est donc d'une grande utilité, puisque la force est d'autant plus égale, qu'elle n'est divisée que par un engrénage. Dans la construction du mouvement réglant, je ne mettrai aucune diffé-

____

(*a*) Pour preuve de ces deux effets, il n'est besoin que de voir opérer avec attention un remontoir.

rence entre celui à trente heures, celui à quinze jours, à un mois, & même à un an : il n'y aura donc pas plus d'inconvénient dans l'ufage de l'un que de l'autre.

Comme le remontoir ne peut abforber la force dans le moment du repos, c'eft beaucoup de la conferver parfaitement égale, de la rendre infenfible ; ce fera l'objet de l'échappement.

CAUSES de variations produites par l'huile.

Les forces inutiles qu'exige la quantité des mobiles, ne font pas les feules caufes des frottemens inconftans ; l'huile, quoique indifpenfable dans les machines d'horlogerie, devient un de fes plus grands inconvéniens, par la difficulté d'en avoir de convenable. En attendant que la chimie puiffe nous procurer une liqueur graffe qui conferve toujours fa fluidité, nous emploierons l'huile d'olive la plus pure, & nous tâcherons de lui conferver fon état naturel le plus long-temps poffible.

Les Mémoires de M. Sully ont bien prouvé l'utilité des réfervoirs ; mais la forme & la qualité font bien à obferver: le vert-de-gris deffèché ronge & détruit les pivots & les trous; d'où réfulte la gêne des pivots, les accotemens dans les engréna-

gès par les roues décentrées , ce qui
change les effets de toute la machine.

La qualité du cuivre forme naturellement le vert-de-gris, fans y être excité par
les acides; il fuffit que l'huile ne foit pas
pure , pour que cela foit confidérable.

Forme du Réfervoir.

Il faut donner à ce réfervoir une forme
qui contienne l'huile le plus long-temps,
& la plus grande quantité poffible.

Cette forme eft la moitié d'une fphère
creufe bornée par un filet quarré , qui empêche l'épanchement dans les parties où
l'huile eft auffi nuifible qu'elle eft utile aux
pivots; le centre peut être chanfrein, pour
faciliter l'huile à s'introduire.

Qualités du Réfervoir.

Il faut le former très-doux , & le polir
avec un bois dur , humecté de rouge ou
de terre pourrie, avec de l'huile , & le
frotter affez long-temps pour que non-
feulement il foit poli, mais que les pores
foient bouchés.

Expérience.

J'ai fait deux noyures fur un même
morceau de cuivre, une feulement avec
un foret à ébifeler, une autre dans le

genre décrit ci-deſſus ; je les ai remplies de la même huile : celle du réſervoir brut, au bout de quinze jours, auroit pu ſervir de peinture verte ; & celle du réſervoir poli, au bout d'un an, étoit pour ainſi dire la même, ſeulement un peu plus blanche.

La plainte générale de mes confrères contre ces effets de l'huile, m'a engagé à mettre au jour cette petite découverte.

Nous allons parler de l'échappement, la partie la plus intéreſſante de toute la machine ; la préciſion qu'il exige donne des difficultés preſque inſurmontables.

QUALITÉS d'un bon échappement pour communiquer aux pendules des oſcillations iſochrones.

On demande très-peu de force pour le mettre en mouvement ; l'impulſion naturelle, les deux leviers égaux, les repos égaux, point ou du moins très-peu de frottemens, de petites oſcillations, très-peu de chute, & beaucoup de ſtabilité.

Pour ſatisfaire à toutes ces queſtions, je commencerai par me ſervir de l'échappement du célèbre Graham, le regardant comme la baſe fondamentale de tous les échappemens à repos, & principalement de celui à cheville, le conſidérant ſeulement ſous de nouvelles formes ; d'où il ré-

(24)

fulte certainement des avantages. Pour
l'exécuter avec précifion, j'établirai un
principe fuivi , & ne laifferai rien d'arbi-
traire.

Les plus grands artiftes ne pouvant fe
flatter de captiver leurs fens, au point de
pefer de jugement les mêmes valeurs en
différens temps ; j'efpère le rendre aifé à
comprendre, en faciliter l'exécution, en
traçant aux ouvriers une route certaine,
& leur donner des preuves des effets qu'ils
doivent en attendre.

DÉMONSTRATION de l'échappement de Graham, fon exécution.

Planche première , figure 3.

Je commence à donner aux dents de la
roue une inclinaifon de cinq quatrièmes
de degré; la diftance du centre du rochet au
centre de l'échappement fixe la longueur
des leviers : cette diftance eft donnée par
la diftribution du calibre, ce qui eft cependant fixé, par l'expérience des plus
grands artiftes, à un diamètre & demi de
la roue, à moins que des cas extraordi-
naires ne l'exigent autrement (a).

______

(a) Cette longueur eft pour un pendulon de trois pieds;
& à mefure qu'on raccourcira le pendulon, on fuivra une
règle proportionnelle pour les leviers, fans quoi le jeu des

Ce point ne détermine pas encore la longueur des leviers, le nombre de la roue change leur épaisseur, & par conséquent le rayon dans la rentrée de la roue.

Pour que l'impulsion soit naturelle, il faut que l'action soit la plus perpendiculaire qu'il est possible, & l'attouchement sur l'échappement même. *Pl. 2, fig. 2.* Pour y parvenir, j'ai formé un instrument.

Une plaque de cuivre d'environ une demi-ligne d'épaisseur, cinq pouces de long, trois pouces de large ; je tire une ligne au milieu de A en B ; je perce un trou C pour recevoir le pivot d'échappement ; en bas de la ligne est ajustée à queue d'aronde une barette D, mouvante par une vis de rappel ; dans cette barette est percé un trou pour recevoir la tige de la roue d'échappement ; la roue porte à plat sur cette plaque : du point C, qui est le pivot de l'ancre, je tire plusieurs cercles légers au dessus de la tige de la roue, de Y en X. La roue posée sur cette plaque de nombres quelconques, je fais tourner la roue, & j'ob-

---

pivots & de la fourchette deviendroit un vice ; le frottement né seroit pas assez dominé par la masse du pendulon, & produiroit des erreurs.

Quant au plan d'impulsion, il faut les alonger en raison de la vitesse du mouvement produit par la longueur du pendulon, afin de conserver les propriétés du mouvement continu.

ferve celui des cercles où les pointes de deux dents opposées toucheront ensemble, lequel cercle, rentrant dans la roue, s'éloignera du pied des dents, pour ne pas produire un recul; ce fera la longueur fixe des leviers : partagez la diftance de deux pointes par la moitié, ce fera leur épaiffeur.

Il faut que la roue foit taillée jufqu'à ce qu'il refte un plat imperceptible fur la pointe de chaque dent, pour s'affurer que le rond n'eft pas interrompu; ce petit plat eft atteint avec une lime à arrondir, des plus ufées, afin de rendre la dent mouffe : moins il y aura de chute, & plus on aura de conftance ; *car il eft une vérité, qu'une maffe tombant naturellement, acquiert de la force ; l'action devient cette maffe mue par une viteffe accélérée, le frottement fur le repos fera donc plus confidérable.* En fuivant ce principe, il faut convenir qu'une action continue & foible tendra plus à l'ifochronifme qu'une action forte & par fecouffe. On verra une preuve certaine de cette expérience inceffamment, dans un difcours fur les variétés de l'échappement à cylindre, parce que les effets produits par les mêmes caufes, font beaucoup plus confidérables.

Il fera donc avantageux de ne point

exécuter les plans d'impulsion d'un échappement trop incliné à l'arc du repos, pour avoir de petites oscillations ; non-seulement il en résulte une inconstance par les frottemens; mais si le jeu des pivots (vice incorrigible de la roue) produit une inégalité sur l'arc constant d'un plan droit, il sera bien moins sensible sur un plan alongé.

Je déterminerai donc cette impulsion à deux degrés pour le bras P de l'échappement.

Après avoir formé les deux leviers égaux, je commence à former le plan d'impulsion de deux degrés; je trace une ligne perpendiculaire au centre de l'échappement sur la platine; j'ajuste une aiguille sur la tige de l'échappement, terminée par une pointe aiguë qui se dirige sur cette ligne perpendiculaire; j'approche la dent du rochet sur le levier P : aussitôt que la dent commence à entrer sur le plan d'impulsion, l'aiguille doit quitter la ligne : pendant que la dent a passé sur le plan, l'aiguille a parcouru un intervalle; j'y fais une section : de l'autre côté de la ligne, je fais une section à égale distance de la perpendiculaire; je fais passer une dent sur le plan du levier *q*, & je vois que l'aiguille a passé la section; je raccourcis le plan de ce levier, jufqu'à ce que l'aiguille parcoure la même divifion (a).

Or, fi de la perpendiculaire j'éloigne deux lignes proportionnelles, pour en former deux angles ayant la même valeur, élevés par le même rayon, le produit de leur impulfion ne pourra tendre qu'à l'ifo-chronifme.

Je fuivrai cet échappement, & je ferai une claffe de chaque addition & correction dont il eft fufceptible, jufqu'au point de perfection où j'ai l'honneur de le préfenter à l'Académie.

VICES de cet échappement.

Dans celui que je viens de décrire, nous examinerons que l'ancre eft comptable des inégalités qui fe trouvent dans vingt-huit dents; les deux forces ne font pas naturelles; une action montant & l'autre defcendant, par le jeu néceffaire des trous des pivots, ôtera donc quelque chofe à la précifion dont nous nous étions flattés: la pefanteur de l'ancre feroit l'uni-

---

(a) Dans le cas où il y auroit, après les leviers trempés, un fcrupule de chute plus d'un côté que de l'autre, ce qui eft occafionné par le poli, il faut mettre un bouchon excentrique pour partager les chutes, & enfuite les fixer.

que remède, mais l'augmentation des frottemens & l'agrandissement des trous deviennent un remède pire que le mal.

J'ai prouvé, *page 28*, au sujet du bouchon excentrique, combien la place du
point de centre de l'échappement étoit
précise ; la grande délicatesse qu'exige le
rochet, demande tout le soin des artistes
les plus adroits.

PREMIÈRE CLASSE.

Naissance de l'Echappement à cheville.

Pour prouver que c'est le même échappement que celui de Graham, seulement
transposé, imaginons pour un moment,
que nous manquions d'instrumens pour
tailler la roue d'échappement. Divisons
la roue : sur chaque division, perçons un
trou, chassons-y autant de chevilles, exé-
cutons l'échappement de Graham ; il sera
donc à chevilles, & cependant le même.

DEUXIÈME CLASSE (a).

De cette transposition, on apperçoit qu'il
est possible de le rendre plus naturel ; la
cheville nous permettant de tourner autour d'elle-même, nous rapprocherons les
deux leviers de la même cheville ; alors

(a) Par M. Amant.

l'échappement n'eſt plus comptable que d'une, au lieu de vingt-huit inégalités : l'action ſera deſcendante ſur les deux leviers ; & ſi l'échappement deſcend par l'agrandiſſement, tout deſcendra enſemble, & l'échappement n'eſt point changé, ou du moins il faut un temps conſidérable pour que le vice devienne nuiſible.

Rappelons ici, que plus la puiſſance paſſera dans l'échappement perpendiculairement, plus l'impulſion ſera naturelle.

Or la cheville, agiſſant ſur les deux leviers l'un après l'autre, occupe plus de longueur ſur la ligne. L'impulſion formée par le rayon de la roue, ne peut être naturelle que vers la tangente.

Les effets réſultans font une perte de la force motrice ſur les frottemens ſans action, & l'impulſion plus forte ſur un levier que ſur l'autre.

Troisième Classe (a).

Nous poſerons les chevilles, moitié d'un côté & moitié de l'autre ; nous pouvons remonter le levier long égal à l'autre ; l'impulſion ſera plus perpendiculaire, & par conſéquent plus naturelle.

Comme la moitié de la cheville eſt ſans

______

(a) Par MM. Le Paute & Caron.

action, on peut la couper par la moitié ; alors les leviers pourront être plus épais de la valeur de cette partie retranchée de la cheville.

Cet échappement commence à se présenter sous une forme très-avantageuse, & paroîtroit le dominant, si les frottemens n'étoient pas considérables par la longueur de la cheville sur l'arc de repos.

QUATRIÈME CLASSE.

On a donc arrondi l'arc de repos & le plan d'impulsion ; deux parties convexes font un frottement très-petit, se polissent facilement en long.

Mais dans le moment où dans la spéculation j'ai cru voir cet échappement au dessus des autres, je l'éprouve, l'expérience renverse tout : je ne m'étonne plus que de grands artistes se déclarent contre. Je vois l'impossibilité de conserver l'huile à cet échappement ; les frottemens deviennent durs, la destruction & l'inconstance font vainqueurs de l'art.

CAUSES physiques à combattre.

Une masse aiguë imbibée d'huile, la pointe est bientôt abandonnée par l'huile, même la pointe en bas.

Cet échappement eſt dans ce cas avec d'autant plus de raiſon, que la maſſe eſt en bas.

Je ne peux me réſoudre à abandonner un échappement où la théorie me promet tant d'avantages, à moins que je ne trouve des principes décidés, comme cela eſt inſurmontable.

CINQUIÈME CLASSE.

Je commence à former le projet de faire agir la raiſon phyſique, que j'ai rendue ci-deſſus, à l'avantage de l'échappement; & la partie qu'on retranche ordinairement, je la conſerve avec beaucoup de ſoin; j'en fais un réſervoir en forme de coquille, dont l'orifice eſt plus étroit pour conſerver l'huile.

Ce réſervoir doit être formé de façon que la cheville tombant ſur l'arc du repos, l'huile ſe renouvelle en plongeant dans ce réſervoir, & en paſſant : la même raiſon que j'ai rendue ci-deſſus, attire la goutte d'huile par la forme aiguë du réſervoir, & ne laiſſe à la cheville que de quoi imbiber le plan d'impulſion à ſon paſſage.

La théorie & la pratique s'accordent pour cette fois; cet échappement marche avec facilité; tous ſes effets ſont naturels,

&

& il promet être long-temps dans le même état.

MESSIEURS,

« Vos observations demandent
» de petites oscillations pour avoir
» de la constance; point de chute
» pour conserver cette constance.

Si, pour avoir de petites oscillations, je fais des leviers plus longs, le frottement des repos, trop éloigné du centre, devient pernicieux. Si je raccourcis les plans par la vivacité, je gagne de la force; mais cette force s'augmente en raison des produits de la vitesse; & c'est dans le moment où cette force est parvenue à son période, qu'elle est nuisible; & j'ose dire que je ne considère plus dans la chute & dans le cheminement, qu'une seule chute, d'où naît la ruine totale de l'échappement.

SIXIÈME CLASSE.

J'adapte à la partie opposée de l'échappement un morceau d'acier en équerre; j'ajuste à l'extrémité A, *pl. 2, fig. 4*, un ressort, lequel vient se glisser entre la roue & le levier: la partie supérieure de ce ressort est terminée, ainsi que son plan, sur celui de l'échappement; la lame de ce ressort est amincie en raison de la force motrice divisée par la roue d'échappement : le pendule mis en mouvement, le ressort se présente pour recevoir la cheville, & la laisser descendre doucement sans chute, & se reposer sur le repos, & ainsi de vibration en vibration.

Si, sur la tige du rochet, nous posons une aiguille des secondes pour le voir opérer, nous trouverons cette action continue parfaitement établie, le cheminement & la chute pour ainsi dire confondus, le ressort soutenant la masse, la force accélératrice n'a plus lieu sur le repos ; alors cet échappement satisfait à toutes les conditions.

J'ai observé cet échappement marcher avec le petit ressort, & sans le petit ressort : j'ai trouvé que le pendulon avoit une accélération sensible avec le petit ressort ; je lui ai reconnu une propriété naturelle, laquelle promet être d'une grande utilité.

J'ai conclu, que je pouvois donner moins de force motrice ; par conséquent que je diminuois les frottemens en général de l'échappement, tant en évitant l'effet de l'action accélératrice qu'en diminuant le moteur. Quant à l'impulsion, non-seulement l'action continue est conservée ; mais dans le moment où la cheville entre fur le plan d'impulfion, le reffort reftitue, par fon action naturelle, une portion de force qui lui eft propre, laquelle n'eft pas fenfible fur le repos. Cette découverte eft la feule de nos jours qui fouftrait la maffe fur les repos, & qui augmente les forces mouvantes du régulateur.

Afin de ne rien négliger, je partage la longueur du petit reffort par la moitié, & lui donne un point d'appui, afin d'établir une compenfation dans les différentes températures par cet effet. Si par le froid le reffort fe roidit, la partie C fe raccourcit, & par conféquent le point d'appui change ; le reffort, devenu plus long, a toujours la même élafticité, de même que fe dilatant, il eft raccourci ; ce qui lui redonne la même action qu'il a perdue par la chaleur.

DÉVELOPPEMENT du quantième perpétuel, tel qu'il eft exécuté dans la pendule ci-après décrite.

Le cinquième rouage, à gauche dans le bas de la cage, eft deftiné à faire marquer la date du mois & les mois fur deux cercles tournant dans la frife d'un vafe. Un détentillon O, dont un bout répond à une goupille pofée fur une griffe D, dont la tête s'engage dans la crémaillère ; ce détentillon appuie fur la tête de cette griffe : la crémaillère dégagée , un de fes bras *g* tombe fur une portion de limaçon H, fixé en cette place par un fautoir, & laiffe paffer autant de dents à la crémaillère, que le mois préfent exige que le rouage compte de jours. Un deuxième bras *q*, de la même crémaillère, a fait autant de chemin que le premier, & a dégagé une détente par le moyen d'un bec qui paffe à travers de la platine, alors le rouage roule; la levée *f*, portée par un quarré du pignon de 12, tourne, entraîne une dent de la roue C, laquelle porte cent quatre-vingt-fix dents; enfuite entraîne les dents de la crémaillère, & la force de fe remettre à fa place : la détente engage le rouage, & fixe la courfe.

Pendant cette révolution, la roue B, fixée fur cette roue C, eft obligée de tourner avec elle; la roue annuelle A eft auffi entraînée : fur le champ de cette roue font divifés les mois & dates du quantième annuel; un petit pont P porte une petite aiguille qui indique la pofition de l'année.

En fuppofant que nous fommes au 30 avril, une des chevilles, pofée fur le champ de la roue annuelle, doit fe trouver avoir appuyé un peu fur la queue de la pièce H. Pour le peu de mouvement que cette pièce fasse, comme elle est plus près du centre que la portion taillée en limaçon, celle-ci se trouve avoir fait assez de chemin pour que le bras *g* tombe dans une coche plus profonde, & par conséquent permette à la crémaillère de compter deux jours avant d'arrêter le rouage ; la roue annuelle alors fait assez de chemin pour que la cheville ne touche plus à la queue de la pièce **H**. Le sautoir la remet à sa place pour continuer son opération pour le courant du mois suivant, un à un.

Au mois de février, la goupille qui doit faire l'opération que je viens de décrire, doit arriver plutôt, puisque le compteur doit passer de suite 29, 30, 31 & 1er, le bras de la crémaillère doit tomber dans la grande coche ; mais comme, au moindre effet que le compteur fait, le bras de la crémaillère tombe dans la seconde coche, il auroit fallu lui ôter la sureté pour faire les deux effets ; & peut-être des deux, aucun n'auroit opéré comme il faut.

J'ai ajusté une surprise **I**, qui, menée par cette même goupille, vient boucher la petite entaille ; & le compteur **H** ne commence à mouvoir que quand la surprise & lui ne font qu'un, le repos est prolongé ; & le 28 février avec beaucoup de sureté, le bras *g* peut tomber dans la grande coche, & la crémaillère est en état de passer quatre jours; ce qui nous met au 1.er mars.

Cette opération doit se faire trois années de suite, la quatrième fait un nouvel effet avec ces mêmes roues.

Pour donner à l'année bissextile un jour de plus, j'ai monté sur cette même broche une étoile de 8.

Sur un autre cercle, j'ai placé deux goupilles, lesquelles, tous les six mois, faisant passer une pointe à l'étoile, elle se trouve avoir fait sa révolution en quatre ans.

Sur cette étoile est fixé un autre compteur L, lequel est amené vis-à-vis le bras g, le 28 février.

La partie la plus élevée de ce compteur, sert à prolonger le mois d'un jour; & sa coche étant enfoncée de trois degrés, elle ne permet plus à la crémaillère de compter que trois jours, au lieu de quatre qu'elle a comptés l'année précédente; nous avons donc eu 29, & ensuite les trois dents nous mettent au 1er mars.

Pour sureté des susdits effets, il est bon d'observer que le passage d'une dent fait échapper sa goupille de la queue du compteur ou limaçon, & que, quand il est queſtion de reprendre ſa place, il y a au moins deux dents à paſſer, par conſéquent l'effet eſt immanquable.

Obſervez encore, que quand même le compteur L arriveroit pour faire ſon effet quelques jours avant, cela ne dérangeroit rien, ſon rayon étant le même que celui de H; de plus, quand même il reſteroit après ſon opération, il ne changeroit encore rien: ſa coche étant plus profonde que le rayon des jours ordinaires, le bras g ne peut y toucher, ce qui eſt impoſſible; & remarquez qu'un jour peut faire paſſer le ſautoir; & qu'après ſon opération, il a trois jours à marcher: il eſt donc le plus certain qui ait été exécuté juſqu'à ce jour.

COMPOSITION
HISTORIQUE
DE CETTE PENDULE.

ELLE repréfente l'union des Arts figu-
rée par les génies de l'Aftronomie, Géométrie, Géographie, Architecture, Sulp-
ture, Peinture, & de l'Etude ; les uns con-
tribuent à l'embelliffement, & les autres
à la perfection.

A l'effet d'élever un édifice pour l'horlogerie, une pyramide antique eft un des
plus beaux monumens de l'architecture,
compofé de belle forme dans l'uni, &
fufceptible d'être orné de trophées, bas-
reliefs, corniches & frife ; d'ailleurs, ce
qu'il y a de plus analogue à l'horlogerie
dans fon origine, ayant fervi à tracer une
méridienne pour les obfervations aftrono-
miques, elle paroît formée pour difpofer
les plus beaux effets, & mettre à l'aife les
mouvemens d'une pareille machine, procurer un long régulateur, &, malgré la
grandeur de fes mobiles, offrir aux amateurs l'afpect d'un bijou. Ces génies font
combattus par les quatre élémens, que

l'on suppose occupés dans leurs actions à tourmenter les métaux, & par conséquent l'horlogerie.

L'art militaire, soutenu par les attributs de la force, & couronné par la paix & la victoire, semble applaudir à l'exécution de cette pendule, en soumettant ses exercices aux heures qu'elle indique.

Je divise le détail de l'exécution en trois parties.

1º Les effets apparens.

2º L'exécution intérieure, & le détail du mécanisme.

3º La façon de gouverner cette pendule.

EFFETS apparens indiqués par le cadran.

La façade de la pyramide est le principal cadran. Sur son plan est tracée la ligne méridienne ; au dessous d'icelle passent successivement les heures & minutes peintes sur deux cercles d'émail ; de leur centre sort une aiguille qui indique le temps moyen. Pour qu'elle soit intelligible, son ornement porte son nom & son effet. Au haut de la pyramide est un style qui porte en avant une plaque dont le centre est percé comme pour laisser passer l'image du soleil sur la méridienne.

Comme je n'ai pu avoir l'image du soſeil que par artifice, j'ai fait émailler une plaque peinte en ombre; au centre, l'image du ſoleil paroît paſſer par le trou du gno- mon.

Cette image parcourt la ligne méri- dienne d'un ſolſtice à l'autre, indique les quatre ſaiſons, au moyen des équinoxes, & la demeure du ſoleil dans chaque ſigne.

Ce cadran eſt ſavant, cependant à la portée de tout le monde, par l'antiquité des effets qu'il repréſente; la ſeule diffé- rence qu'il y a d'une méridienne, c'eſt que l'image du ſoleil paſſe; & à la pendule, ce ſont les heures & minutes qui paſſent.

La ligne eſt prolongée par deux fleurs de lis qui ſervent d'aiguille.

Suivant cette conſtruction, on voit que la marche de cette pendule doit toujours nous donner l'heure vraie.

Pluſieurs auteurs traitent de ce ſujet, mais trouvent beaucoup d'inconvéniens. On voit dans le chapitre de l'exécution intérieure, *page 47*, les moyens que j'ai employés pour ſimplifier l'ouvrage, & comment j'ai rendu l'exécution exacte & durable.

Dans la baſe de la pyramide eſt un ca- dran ovale, au centre duquel il y en a un univerſel pour la ½ ſphère; une petite fleur de lis gravée & dorée en relief, rend Paris fort apparent. Autour de ce cadran font 24 heures qui ne doivent fervir que pour lui.

Sur le bord du cercle de 24 heures, font peints en chiffres arabes les heures du foleil, que l'on voit paffer & parcourir un ciel; le tout paroît porté par un groupe de nuages, dont deux agiffent fuivant le lever & le coucher du foleil; de façon que les heures qui fe trouvent dans les grands jours en pleine clarté, font cachés par les nuages à mefure que les jours diminuent, & deviennent des heures de nuit; cet effet approche de la vérité.

Les ornemens de cette pyramide, font les quatre élémens, repréfentés à droite par un petit fleuve qui répand fes humidités fur l'horlogerie, défignée par une petite pendule montée fur une colonne : la terre, toujours bienfaifante, avec une coquille dérobe cette eau, lui paroiffant plus légitimement employée pour arrofer fes fruits.

A gauche, l'air & le feu tourmentent les branches d'un pendulon de compenfation.

Le haut de la pyramide eft orné de deux trophées analogues aux fciences, & d'un autre trophée repréfentant l'agriculture.

Le lever & coucher du foleil eft mené par une roue annuelle, qui correfpond à un rouage qui conduit les deux cercles du vase gauche; sur le premier, sont divisées les dates du mois; & sur le deuxième, les mois.

Quoique ce premier cercle soit divisé en trente-un, il ne laisse pas que de faire sa révolution en trente ou trente-un jours, selon que les différens mois l'exigent; & même en février, il fait sa révolution en vingt-huit jours trois années de suite, la quatrième il la fait en vingt-neuf jours, & reprend sa marche ordinaire.

Cet effet ainsi rendu devient intéressant; il est pénible pour le travail de tête, mais d'une facile exécution quand on en conçoit bien la démonstration, qui est vue plus clairement dans le chapitre du développement du quantième perpétuel, *p. 35.*

Dans le socle ou piédestal de ce vase, est un petit médaillon dans lequel on voit une nuit & une lune (non représentée en visage humain, telle qu'on la voit à toutes les pendules); mais bien une clarté blanche, dans laquelle on apperçoit les taches de cet astre.

Dans le vase à droite, est un autre cercle, sur lequel sont peints les jours de la semaine; & dans le médaillon de son socle, un cadran représentant les sept Planètes indiquées par une étoile.

Les effets de ces vases sont indiqués dans l'un, par le génie de l'architecture, prenant l'à-plomb du vase : le fil coupe les deux cercles, & marque le quantième du mois & le mois dans lequel on est; & l'autre, par le génie de la géométrie : la pointe d'un compas qu'il tient, marque le jour de la semaine. Les autres génies font les ornemens de ces vases, avec les attributs chacun de leurs caractères.

Nota. On estime les effets répandus à propos dans les différentes parties de la boîte de cette pendule, qui ne font unis que par le socle ; on conçoit qu'il règne une ame ou intelligence intérieurement entre tout : ce qui a fait dire que l'esprit de l'horlogerie mouvant, donnoit de l'action aux figures qui y font employées.

EXÉCUTION intérieure, & détail du mécanisme.

Le mouvement contient presque toute la pyramide. Pour rendre l'exécution plus propre & avoir de meilleurs ajustemens, presque toutes les pièces font montées avec des vis, & peuvent se démonter & fortir de la cage en particulier, à l'exception des barillets, & de leurs gros pignons.

La cage même se démonte à vis. Elle est divisée en cinq parties.

1° Une partie pour le mouvement réglant.

2° Mouvement remonteur.

3° Mouvement de la fonnerie.

4° Mouvement du quantième perpétuel.

5° Enfin, mouvement des phafes, planètes & jours de la femaine.

J'ai élevé le mouvement réglant le plus haut qu'il m'a été poffible, afin de donner un long pendulon ; ce mouvement n'eft compofé, depuis la force motrice jufqu'à l'échappement, que de trois mobiles. Première roue, fait fon tour en une heure, & porte le poids moteur ; 2° la roue de champ ; 3° la roue d'échappement, décrite particulièrement.

Trois mobiles exécutés avec précifion, ne peuvent exiger un poids confidérable ; ainfi il n'en réfulte que de très-petits frottemens. Pour les rendre conftans, tous les pivots font polis, portés, dreffés & frottans fur des parties convexes : tous ces pivots portés par des barettes dorées jufque dans les trous avec un grand foin, pour que l'huile ne forme point de vert-de-gris (une des grandes caufes de deftruction ;) les réfervoirs de ces pivots fermés avec des criftaux, pour que l'huile ne recevant point de pouffière, foit très-

long-temps à devenir cambouis ; les frottemens plus conftans, moins de net-
toyage, & par conféquent la pièce fouf-
frira moins : tous ces mobiles montés à
vis fur des affiettes chaffées fur leur tige
polie & de pefanteur, comme un balan-
cier de montre.

Facilité pour dorer les roues, très-utile
pour conferver leurs pignons, en cas de
raccommodage par malheur ou défaut de
matière.

Point de rouille à craindre des fels dont
on fe fert pour faciliter les foudures, exécution plus propre, amaffant moins l'or-
dure, & par conféquent marche plus conf-
tante.

L'échappement d'une pendule eft un
des principaux objets. J'ai choifi l'échappement à cheville, celui qui fatisfait mieux
à toutes les queftions demandées pour un
bon échappement, à la vérité avec les
additions & corrections que j'y ai faites,
démontrées *page* 29.

On a vu dans le chapitre des effets apparens, *page* 42, que la marche de cette
pendule devoit nous donner le temps vrai.

LES défauts qu'il falloit anéantir.

1° La pendule demande une lentille pe-
fante ; ce dernier effet l'exige légère.

2° Rendre la courbe fenfible à la vue, & infenfible fur le pendulon.

Au deffus de l'échappement, eft attaché un porte-fufpenfion immuable, au moyen des vis qui lui font faire corps avec les platines : fur fon milieu, eft attaché un taffeau entaillé par le centre ; dans cette entaille, eft ajuſté un deuxième porte-fufpenfion ; à une extrémité, eft attachée la fufpenfion, & l'autre correfpond à une courbe taillée intérieurement, & attachée à une roue annuelle qui eft placée fous le cadran.

La lentille, du poids de cinq livres $\frac{1}{4}$, attachée à cette pièce, ajuſtée & fixée par une vis à broche dans l'entaille du taffeau, eft forcée à defcendre par fa pefanteur, jufqu'à ce que l'autre bout rencontrant la courbe, la fixe, & ne fe meuve que fuivant l'inégalité de cette courbe.

Dans cet état, on voit la difficulté de mouvoir cette courbe, & combien ce frottement uferoit ; & par conféquent cette courbe rendroit des effets contraires, fi on la forçoit d'opérer. En conféquence, j'ai ajuſté un reffort entre les deux porte-fufpenfion, & compenfé fa force à raifon de cinq livres : il a donc emprunté cinq livres de la lentille, il ne refte plus que quatre onces fur la courbe. Pour en faciliter la

marche.

marche , j'ai ajufté un rouleau d'acier trempé & poli , fon centre eft une petite broche auffi trempée, en raifon des quatre onces qu'il doit porter. Dans cet état, un cheveu attaché à la roue annuelle, la fait marcher fans caffer.

On voit que j'ai confervé fur l'arc circulaire cinq livres $\frac{1}{4}$, & fur la pefanteur directe, je n'ai que quatre onces. La première objection eft donc anéantie.

Pour rendre fenfible l'inégalité des rayons de la courbe, j'ai fait un inftrument à peu près femblable à un pyromètre , le cercle gravé plus grand , la queue du premier levier ajuftée & appuyée fur le porte-fufpenfion. J'ai obfervé ma pendule bien réglée ; j'ai cherché la quantité donnée pour faire avancer ma pendule de trente fecondes en vingt-quatre heures; j'ai recommencé cette opération plufieurs fois, pour m'affurer des ajuftemens : l'aiguille a parcouru quarante-cinq divifions ; j'ai alors divifé cet efpace en trente parties égales , chaque divifion étoit de $\frac{3}{4}$ de ligne, & pouvoit encore au befoin e divifer à la vue : mais , comme j'avois fixé mes divifions fuivant le nombre des fecondes que j'étois obligé de retrancher ou d'ajouter, j'ai taillé ma

D

courbe avec toute la précision que peut avoir celle d'une équation à deux aiguilles.

J'ai dit que la première roue portoit sur son axe une poulie dans laquelle paſſoit une corde qui ſuſpendoit le moteur de toute cette machine.

Cette roue faiſant un tour par heure, la deſcente du poids ne peut avoir une longue durée : il faut donc remonter ce poids au bout de très-peu de temps : c'eſt l'opération du deuxième rouage que j'appelle *remontoir*, démontrée *page 14.*

Cette roue engrène dans une roue de renvoi, ajuſtée ſur la minuterie & roue de cadran , leſquelles portent chacune un cercle qui préſente les heures & les minutes ſous la ligne méridienne : ce qui ſert de broche à la minuterie, c'eſt une tige portant en cage une roue qui engrène dans un rateau, dont le bras va s'engager dans une ſeconde courbe portée par la même roue annuelle dont nous avons parlé ci-deſſus : cette tige qui ſert de broche à la minuterie, ſort extérieurement au centre des cercles, & porte à cette extrémité une aiguille qui indique le temps moyen.

La roue de cadran engrène dans une double roue de renvoi, qui conduit le cadran univerſel ; toutes ces roues ſont faites & ajuſtées avec la même préciſion que les précédentes ; & , malgré leur grandeur , un ſouffle les fait mouvoir.

A la courbe du temps moyen, eſt attachée une chaîne qui correſpond à une poulie à l'extrémité intérieure de la pyramide ; cette poulie a pour circonférence la moitié du diamètre de la courbe, une révolution de la courbe lui fait faire deux tours. Cette poulie eſt montée ſur une autre ; ſa circonférence eſt donnée par la longueur de la ligne.

Dans cette poulie , eſt attachée une chaîne par un bout ; & de l'autre bout, à une petite pièce de cuivre ajuſtée à couliſſe dans la ligne , ce morceau porte l'image du ſoleil, & monte ſur le plan de la pyramide , à meſure que la courbe deſcend.

Arrivée en haut , la courbe, en achevant ſa révolution annuelle , lâche la chaîne ; le morceau de cuivre qui porte l'image du ſoleil, eſt attaché à une chaîne pareille au ſuſdit, qui eſt attaché à une poulie : en bas dans ſon centre, eſt un reſſort qui a ſeulement la force de faire deſcendre l'image du ſoleil. A meſure que la courbe remonte , deux poulies paroiſſent iſolées ; mais elles ſervent pour mou-

fler la chaîne dans des temps où l'ombre
décrit un plan plus alongé fur la meri-
dienne. Par ce moyen, l'efpace parcouru
par le foleil entre l'équinoxe d'Automne
& celui du Printemps, eft fenfiblement
plus petit que l'efpace de l'équinoxe du
Printemps & celui d'Automne.

Le troifième rouage eft une fonnerie
à l'ordinaire; le pignon de 12 porte un
quarré du côté de la cadrature : fur ce
quarré, eft ajuftée une roue de renvoi,
pour correfpondre à une vis fans fin, qui
mène la roue annuelle.

Le quatrième rouage eft à droite dans
le bas de la cage : ce rouage eft deftiné
à mener les phafes de la lune, les fept planètes & les jours de la femaine; la com-
munication de ce rouage aux cadrans qui
font dans les vafes, fe fait par des bafcu-
les & des pilotes.

GOUVERNEMENT de cette pendule.

La porte ovale s'ouvre ; derrière les
quatre encognures, font quatre quarrés
que l'on doit remonter tous les premiers
de chaque mois.

Dans le chapitre de l'exécution du mécanifme, *page 45*, j'ai démontré que le

cinquième rouage ne devoit jamais fe monter.

Au centre du cadran univerfel, eft un petit quarré, par lequel on met à l'heure avec une clef ce cadran ; & le foleil tournant, on peut le tourner toutes les fois, & de la quantité fuffifante que la pendule exige.

Pour mettre à l'heure les deux cercles de deffous la ligne ouvrant le trophée droit de la pyramide, au deffus du nom de l'auteur, on apperçoit un quarré provenant d'un pignon de renvoi, qui engrène dans la minuterie : on mènera ce quarré avec une clef ou manivelle, toujours les cercles tournant de droite à gauche.

Le trophée gauche s'ouvre de la même manière ; à côté de la roue annuelle , on apperçoit une vis fans fin , portant un quarré au bout de fon pivot fupérieur : il faut tourner avec une petite clef, jufqu'à ce que la date du mois demandée, & gravée fur la roue annuelle, fe rencontre vis-à-vis une pointe fervant d'aiguille, plantée fur le porte-fufpenfion.

Une vis de rappel paffe au travers le troifième porte - fufpenfion, le bout appuie fur le deuxième ; cette vis fert

pour avancer & retarder la pendule.
Cette opération peut & doit se faire sans
arrêter la lentille; cette vis est fixée par
un contre-écrou.

EXTRAIT des Regiſtres de l'Académie Royale des Sciences.

Du 17 Janvier 1778.

Nous avons examiné, par ordre de l'Académie, une pendule préſentée par M. ROBIN, horloger à Paris. L'auteur a eu en vue de réunir dans cette pièce les effets les plus curieux de l'horlogerie, & de donner à cet aſſemblage une forme agréable, ſuſceptible d'ornemens caractériſés, & qui pût faire une eſpèce de monument à la gloire de l'horlogerie.

Elle repréſente une pyramide quarrée, dont les côtés ſont formés de glaces aſſemblées avec des ornemens de bronze doré, & qui laiſſent voir tout l'intérieur de la machine.

Cette pyramide ou obéliſque eſt ſoutenue par un piédeſtal de marbre, qui porte auſſi de chaque côté un vaſe de forme antique; celui de la gauche porte les cadrans du mois ou du quantième, auquel il n'eſt pas néceſſaire de toucher pour les mois de trente-un jours, ni pour le mois de février, ni pour l'année biſſextile. Le même vaſe porte encore l'âge & la phaſe de la lune. Le vaſe qui eſt à droite porte le cadran du jour de la ſemaine, & celui des ſept planètes : le reſte eſt rempli par des figures de bronze doré, qui repréſentent les génies des principaux arts.

Sur une des faces de l'obéliſque, eſt une ligne verticale repréſentant une méridienne, accompagnée de droite & de gauche des douze ſignes du Zodiaque, peints en émail, & ſur laquelle coule

D iv

une petite pièce ronde qui repréfente l'ombre du ftyle, & qui fe trouve toujours répondre au figne & à la partie du figne où eft le foleil.

Au deflous de cette face de l'obélifque, font placés deux cadrans : l'un , divifé à l'ordinaire , marque les heures & les minutes par deux cercles concentriques , dont les divifions paffent fucceffivement fous un index placé au bas de la méridienne , & de leur centre part une aiguille qui indique le temps moyen.

Au deffous, eft un autre cadran divifé en vingt-quatre heures ; deux ailettes en forme de nuages s'avancent & fe reculent, pour marquer le lever & le coucher du foleil , repréfenté par fon image en cuivre doré, & la durée des jours, en ne laiffant voir que les heures où le foleil eft fur l'horizon, & tenant cachées toutes les autres.

On juge bien que tous ces effets exigent une grande quantité de pièces dans l'intérieur de la pendule, & que la manière de les arranger de façon qu'elles ne fe nuifent pas les unes aux autres, a été elle-même un grand travail : l'auteur l'a pouffé jufqu'à leur procurer une certaine fymétrie qui en ôte jufqu'à l'air d'embarras, & leur donne un coup-d'œil dégagé & agréable.

Dans le nombre de ces pièces, il s'en trouve un grand nombre déja connues , & en ufage, dans lefquelles nous n'avons à relever que le mérite d'une parfaite exécution ; mais il en eft d'autres qui font nouvelles à plufieurs égards , & c'eft fur celles-ci que nous allons principalement infifter.

La pendule n'eft compofée que de deux roues & d'un régulateur. La puiffance motrice eft un poids d'environ quatre gros, & ce poids eft fouvent remonté par l'action d'un rouage de remontoir.

Ce rouage a été soigneusement calculé pour que la pendule pût aller plus d'un mois ; & M. Robin y a joint une pièce pour compenser les changemens & les altérations que pourroient y introduire la dureté de la corde, ses changemens dans les diverses températures, & les inégalités des engrénages. Il insiste avec raison sur l'usage des remontoirs, qu'il fait voir être infiniment préférables aux ressorts des pendules, & même aux roues très-nombrées de celles qui vont fort long-temps avec des poids, & que cette seule circonstance empêche d'aller avec justesse, & met souvent dans le cas d'arrêter.

Le régulateur est un pendule muni d'un compensateur, dont la lentille pèse environ 5 livres $\frac{1}{2}$, & nous offre deux choses à considérer ; l'échappement & la suspension. L'auteur a adopté l'échappement à repos de M. Graham, ou plutôt celui de M. Amant, où l'action des chevilles de la roue se fait toujours d'un même sens ; mais il y a joint une pièce essentielle, c'est un réservoir d'huile qui ne laisse jamais l'échappement sec, sans pouvoir cependant en donner plus qu'il n'est nécessaire.

Il est aisé de voir, par les effets de la pendule, qu'elle doit marquer le temps vrai, & par conséquent que le pendule doit être tantôt plus long, tantôt plus court. Cet effet s'opéroit ordinairement au moyen d'un levier qui portoit le petit ressort de suspension, & qui, étant soulevé plus ou moins par la courbe d'équation, menée par la roue annuelle, haussoit ou baissoit le pendule ; mais il résultoit de cette construction, que la courbe portoit tout le poids du pendule. Dans la pièce de M. Robin, il a remédié à cet inconvénient, au moyen d'un reſſort placé ſous le levier, & qui porte la plus grande partie du poids du pendule ; enſorte que, dès qu'il pèſe, la courbe d'équation ne reçoit l'impreſſion que de quatre onces, ce qui diminue prodigieuſement les frottemens, & les inégalités qui viendroient de ce chef.

Cependant nous ne pouvons nous empêcher d'obſerver que cette mobilité du pendule s'oppoſe à ſon extrême juſteſſe, parce qu'on ne peut trop donner de ſolidité au pendule.

La manière dont il produit ſon quantième perpétuel, mérite auſſi d'être remarquée : il eſt mené par un rouage particulier, retenu par une détente qui ſe dégage tous les jours, & tombe dans une des coches d'une eſpèce de limaçon, qui ne lui permet d'être levée que le temps néceſſaire pour le faire avancer d'une diviſion ; mais, à la fin du mois, la roue annuelle, armée de cheville, fait, dans les mois de trente jours, tourner le limaçon de manière qu'il préſente une coche une fois plus profonde ; & il paſſe deux jours au lieu d'un. Au mois de février, la cheville de la roue annuelle ſe préſente plutôt, & fait encore retourner davantage le limaçon, qui préſente alors une coche aſſez profonde pour que le rouage puiſſe avancer de quatre jours.

Sur la même tige qui porte l'eſpèce de limaçon ou de compteur, eſt une étoile à huit dents, qui fait ſa révolution en quatre ans, & qui porte un autre compteur qui, au lieu de permettre au rouage de faire paſſer quatre jours à la fin de février, ne lui en laiſſe paſſer que trois. Toutes ces pièces ſont ſolidement attachées ; & une ſurpriſe que M. Robin y a ajoutée, aſſure abſolument la préciſion des effets.

Le mouvement inégal de la pièce qui repré-
sente l'ombre du soleil sur la méridienne, n'est pas
exécutée d'une façon moins ingénieuse ; il s'opère
au moyen d'une chaîne attachée à la courbe du
temps moyen, qui va passer sur une poulie placée
au haut de l'intérieur de la pyramide, & lui fait
faire deux révolutions, pendant que la courbe en
fait une ; cette poulie est portée par une autre
d'une circonférence égale à la longueur de la méridienne ; cette dernière est garnie d'une chaîne
qui y est fixée par un bout, & tient de l'autre à
une petite pièce de cuivre qui porte l'image de
l'ombre du gnomon, qu'une autre chaîne tire vers
le bas, au moyen d'un ressort. Il est évident que,
par ce moyen, la révolution de la courbe fait
hausser ou baisser cette image ; & deux poulies que
la chaîne rencontre en son chemin, servent à accé-
lérer assez son mouvement, pour que l'Automne
& l'Hiver se trouvent plus courts d'environ huit
jours, que le Printemps & l'Eté pris ensemble.

Nous ne pouvons terminer ce rapport sans faire
mention de la remarque importante que M. Robin
fait sur les réservoirs à huile, dont l'usage est depuis long-temps introduit dans l'horlogerie. Lors-
qu'on se contente, comme on le fait ordinairement, de les creuser avec un foret à ébizeler ;
l'espèce d'acide contenu dans les huiles, qui agit
sur le cuivre, &c. le convertit en vert-de-gris dans
les pendules ; car, dans les montres, les platines
étant dorées, ainsi que les chanfreins des trous où
l'on met l'huile, cet inconvénient n'a pas lieu : de
plus, la poussière qui s'y dépose forme avec l'huile
& le vert-de-gris une pâte rougeâtre qui agrandit
les trous, change leur disposition respective, &
nuit beaucoup aux engrénages. Pour éviter ces

deux inconvéniens, M. Robin polit au vif le dedans
du réservoir, en le frottant long temps avec une
espèce de foret ou de fraise de bois, dont le bout
est enduit de rouge d'Angleterre détrempé avec
un peu d'huile Le poli vif ferme assez bien les pores
du cuivre, pour le mettre à l'abri de l'action de
l'acide de l'huile, & pour éviter l'introduction de
la poussière : tous ces réservoirs sont fermés par
de petits morceaux de glace ; aussi n'avons-nous
apperçu dans sa pièce, ni vert-de-gris, ni cambouis, ni même d'huile épaissie.

De tout ce que nous venons de dire, nous
croyons devoir conclure que la pendule de M.
Robin, & les différens mouvemens qu'il a réunis
pour la composer, ont été faits avec soin, &
assemblés avec la plus grande intelligence pour
éviter la confusion, & empêcher que ces mouvemens différens ne se nuisent les uns aux autres,
& puissent altérer la régularité de la pendue ; que
l'exécution nous en a paru supérieure, & on ne
peut pas plus soignée ; & que les réflexions de l'auteur sur les remontoirs & leur usage, sont bien
fondées, de même que celles qu'il a faites sur les
réservoirs à huile. Ce qui lui appartient plus particulièrement que le reste, savoir, la méthode de
diminuer le poids du pendule dans cette manière
d'avoir le temps vrai, le ressort & le réservoir
d'huile appliqué à l'échappement, & sa manière
de le tracer & le construire, le quantième perpétuel, & la manière de faire mouvoir la représen-
tation de l'ombre du gnomon sur la méridienne,
nous ont paru très-ingénieux. Il n'est pas trop de
notre objet de parler ici des ornemens qui accom-
pagnent cette pendule ; mais nous ne pouvons
cependant nous refuser à dire qu'ils nous ont paru

de la plus grande beauté, & ne rien laiſſer à dé-
ſirer, ni dans le choix, ni dans l'exécution ; &
qu'enfin cette pièce de M. Robin nous paroiſſoit
mériter l'approbation de l'Académie, tant pour la
compoſition que pour l'exécution, & mérite d'être
publiée dans le recueil des machines approuvées
par l'Académie. *Signé* LE ROY *&* DE FOUCHY.

*Je certifie le préſent extrait conforme à
ſon original, & au jugement de l'Académie.
A Paris*, *le 22 janvier 1778.*
Le Marquis DE CONDORCET.

9 782019 916688